Divulgación Científica

Segundo Volumen del Décimo Libro de la Serie

365 Selecciones.com

Pedro Daniel Corrado

Este segundo tomo pertenece al Décimo Libro de la Colección 365Selecciones.com, en donde trataremos temas de Divulgación Científica. Los primeros nueve libros de la misma son los 365 Cuentos Infantiles y Juveniles, Poesías Clásicas y Libros Célebres, disponibles en el mismo sitio de internet.

En este décimo libro estaremos publicado lo relacionado con los descubrimientos científicos. La lectura como permanente ejercicio ayuda a disciplinar nuestro intelecto y nuestro espíritu, dotándolos de gran precisión para expresar nuestras propias ideas, y fortalecer de esta manera nuestra independencia de criterio.

Muchas de las ilustraciones son únicas y de gran valor artístico.

Los otros libros de la Colección incluyen Cuentos Sagrados; Cuentos de la Naturaleza; Cuentos de Reyes y Reinas, Princesas y Príncipes; Cuentos Variados; Cuentos de Hadas, Duendes y Gnomos, Cuentos Heroicos, Poemas Clásicos y Libros Célebres. También estaremos publicando libros de Arte. Estoy convencido de que toda la colección será un verdadero Tesoro que sus hijos agradecerán toda su vida.

También será un regalo para Usted mismo, ya que le permitirá completar su formación profesional, ya que quedará sorprendido por varios de los tomos científicos que publicaremos, por su exposición didáctica y original, abierto a todos los públicos.

ISBN-13: 978-1523955121 / ISBN-10: 1523955120

EDITORIAL HIGHWAY ES PROPIEDAD DE PATH SOCIEDAD ANÓNIMA ARGENTINA

Editorial HIGHWAY es un emprendimiento de PATH Sociedad Anónima, Argentina. Nos ocupamos de editar y difundir contenido Cultural, Educativo, Científico y Tecnológico de gran calidad pedagógica que forma la base del aprendizaje de toda persona que quiera cultivarse, al mismo tiempo que se entretiene.

Estamos interesados en editar todo tipo de material que profese una alta calidad espiritual e intelectual, que ayude a la niñez y a la juventud, así como a las personas adultas y mayores, en la permanente formación de valores cristianos, y que impulse el espíritu de independencia de criterio y solidez interpretativa, fomentando al mismo tiempo la educación continua.

Estaremos gustosos de recibir sus correos, así que no dude en escribirnos.

Vea todas las Novedades en nuestro sitio www.365selecciones.com

Correo Electrónico: info@365selecciones.com

PATH SOCIEDAD ANONIMA DE ARGENTINA

Clave Fiscal: 30-64999935-6

HIGHWAY es marca registrada de PATH Sociedad Anónima N° 1.789.936 para la Clase 38

CONTENIDO

DEDICACION

Deseo dedicar toda esta obra a mi madre Alcira Sorani, quien siempre fue mi sostén en todo momento, y a Ekaterina Shiyko quien me alentó en la recopilación. Deseo dedicarla también a los Sagrados Corazones de Jesús y la Virgen María, a San Alberto Magno, Santo Tomás de Aquino, San Ignacio de Loyola, y a todos los mártires cristianos.

RECONOCIMIENTOS

Deseo las mayores bendiciones espirituales y materiales para todos mis maestros, profesores, amigos y bienhechores. Un especial recuerdo para el Dr. Luis Enrique Smidt, quien me ayudó y guió en mis comienzos como profesional independiente, así como a la Dra. Viviana Andrea Lerchundi y la Dra. Estela Marta Coria. A mi querida hermana Graciela Alcira y Carlos Martín Erwin Neumann, ambos amigos y socios. Un especial reconocimiento para Walter Montgomery Jackson a quien solo conocí a través de múltiples lecturas que formaron la base de muchos de mis conocimientos.

LOS HOMBRES QUE HAN HECHO EL MAPA DEL CIELO

Antaño muchas son las personas ignorantes que sonrían con desdén y aun se mofaban de esos sabios, que se pasaban la vida contemplando las estrellas; pero es muy cierto, que, si no hubiese sido por ellos, algo peor andaríamos de lo que actualmente andamos. A no ser por los estudios de los astrónomos no podríamos navegar de noche, y aun la navegación diurna habría de limitarse, o poco menos, a recorrer las costas.

Nuestros trenes al viajar por la noche, correrían infinitos más riesgos de los que corren ahora. Nuestros almanaques perderían pronto la fecha en que nos hallamos y resultarían inútiles. Todo sería riesgos y peligros, si no fuese por los astrónomos.

La Astronomía es la ciencia que nos comunica cuantos conocimientos posee el hombre sobre los cuerpos celestes, y astrónomos son los sabios que se dedican al cultivo de esta ciencia y procuran adquirir cada día nuevos conocimientos relativos a los astros. De esta ciencia y de estos sabios depende el gobierno de nuestra vida diaria. Probablemente es la ciencia más antigua; pero, sin duda ninguna, es la más admirable, porque contiene la historia más espléndida e interesante. Los primeros astrónomos fueron los antiguos pastores, que, mientras por la noche guardaban el ganado en los campos, pasaban horas enteras contemplando los astros, tratando de averiguar qué podían ser aquellos puntos luminosos que tanto les cautivaban; en su ignorancia, se limitaban a hacer cálculos acerca de su significado. No sabemos quién empezó este estudio; nos consta que los caldeos y los egipcios deben contarse entre los primeros pueblos que lo cultivaron, pero la India y la China alegan haber empezado su estudio tres mil años antes de que los magos de Oriente, siguiendo la brillante estrella que se les había aparecido, llegaran hasta la cuna de Jesús, en Belén, y le adoraran. Es indudable que los astrónomos chinos hubieran preferido que su soberano no sintiese tanta afición a la astronomía, porque en aquel país y en aquellas épocas, los sabios que estudiaban el firmamento, estaban obligados a predecir la fecha en que habían de ocurrir los eclipses, a fin de que el pueblo pudiera encontrarse preparado para ahuyentar a fuerza de estruendos y ruidos, al monstruo que aparecía en el cielo con el intento de tragarse el sol. Ahora bien, si los astrónomos no acertaban exactamente con la fecha, eran irremisiblemente condenados a muerte.

Esto nos demuestra que no eran muy exactos los conocimientos astronómicos de los chinos; y con ellos corrían parejas los de los demás pueblos. El primer hombre que hizo un estudio diligente de la astronomía fué Tales, uno de los siete sabios de Grecia. Nació en el año 640, antes de Jesucristo, y murió en el de 556, después de haber consagrado enteramente su vida al examen de los problemas de la naturaleza.

Fué el primero que se convenció'" de que el sol, la luna y las estrellas eran algo más que simples señales colocadas en el firmamento, para indicar las operaciones de los malos genios y de los dioses; y fué también el primero en diseñar mapas en que se mostraba la posición que ocupan en el cielo los astros más notables.

Cerca de cuatro siglos tardó en aparecer otro gran astrónomo, Hiparco, sabio griego que vivió hacia el año 150, antes de Jesucristo.

HIPARCO, EL MAYOR ASTRÓNOMO DE LA ANTIGÜEDAD

Hiparco estudió detenidamente y con tal aplicación y tan felices resultados los cielos, que pronto se halló en condiciones de predecir los sucesos astronómicos más importantes. Téngase presente que las predicciones de este astrónomo eran muy diferentes de las de los falsos magos, de que nos habla la Biblia: en éstos eran efecto del fraude, y, cuando más, de conjeturas; en cambio Hiparco pronosticaba basado en razones científicas.

Además, fué el que primero puso la astronomía al servicio de la geografía, y trazó mapas celestes y terrestres, reducidos éstos, claro está, a la pequeña porción de tierra entonces conocida.

Hoy día esto nos parece cosa trivial; pero no lo era, sino por lo contrario, muy admirable en los tiempos de este astrónomo, en que se carecía casi en absoluto de datos y no había instrumentos científicos para efectuar las mediciones.

Descubrió también Hiparco que el año contado por el sol era más corto que si se contaba por las estrellas; y llegó a esta conclusión tomando cuidadosamente las medidas y comparándolas con las que tomara, ciento cincuenta años antes que él, otro astrónomo llamado Timócaris.

Hiparco ocupa el primer lugar entre los astrónomos antiguos, pues sus observaciones le pusieron en disposición de escribir con maestría acerca del sol, de la luna y de los planetas, y de fijar con toda exactitud el tiempo de sus movimientos. Si hubiera tenido pronto un sucesor, de fijo que la astronomía hubiera llegado mucho antes a ser una gran ciencia.

TOLOMEO DEJÓ AL MUNDO EN UN ERROR QUE TARDÓ TRECE SIGLOS EN SER RECTIFICADO

Pasados cerca de trescientos años apareció otro famoso astrónomo, de quien se ha dicho que causó quizás más daño que provecho, a pesar de merecer con justicia el dictado de gran astrónomo.

Era éste Claudio Tolomeo, matemático egipcio, que vivió en el siglo segundo, después de Jesucristo. Estudió cuidadosamente las obras de Hiparco, y a este estudio añadió los resultados obtenidos con sus observaciones personales. Descubrió importantes cambios en el curso lunar, y que la luz, por proceder de una estrella distante, al entrar en una atmósfera más condensada, se refracta, es decir, se desvía de la dirección que llevaba. Hasta aquí Tolomeo hizo mucho bien a la ciencia astronómica.

Pero cometió un error de gran trascendencia al declarar que la tierra existe, como un cuerpo fijo, en medio del universo, y que los cielos dan vueltas a su alrededor cada 24 horas. Por espacio de trece siglos el mundo civilizado dió por verdad absoluta esta doctrina. Durante todo este tiempo creyó la gente que el cielo era una gran bóveda sólida que daba vueltas alrededor de un potente eje, que se adaptaba a un hueco inmóvil, y que las estrellas estaban fijas en la superficie de la bóveda por medio de potentísimos clavos, o cosa semejante.

Verdad es que no siempre permaneció intacta esta creencia hasta el tiempo de Copérnico; pero lo substancial del sistema de Tolomeo quedó incólume. Después de los griegos, los árabes se dedicaron a la astronomía. Encontraron las obras de Tolomeo setecientos años después de su muerte, y las recibieron sin objeciones de ninguna clase. Partiendo siempre de la creencia de que cuanto había dicho aquel astrónomo era cierto, sólo cuidaron de añadir algunas observaciones personales al cúmulo de datos conocidos, sin acercarse a la realidad y a la verdad de que se había separado Tolomeo.

Por este mismo tiempo, en que los sabios árabes recogían y puntualizaban esos varios hechos astronómicos en que cifraban todo el progreso de la astronomía, Alfonso X el Sabio, rey de León y de Castilla, a quien algunos dan el sobrenombre de «el Astrónomo», nombró una comisión, compuesta de los rabinos más célebres de su tiempo, con el encargo de que recogiesen cuantas observaciones pudieran servir para dar nuevo impulso y, a ser posible, nuevas direcciones a la Astronomía.

Fruto de todas ellas fueron las Tablas Alfonsinas de Observaciones Astronómicas, en cuya colaboración trabajó personalmente el rey, las cuales, en medio del descuido, abandono y aun descrédito en que fué tenida la astronomía en la Edad Media, ponen de manifiesto un esfuerzo digno de figurar en la historia de la astronomía. El sistema de Tolomeo quedó modificado en algunos puntos concernientes a los eclipses, a la oposición de los planetas y a varios más; pero sin cambio esencial de ninguna clase.

COPÉRNICO, EL GRAN ASTRÓNOMO DE LOS ALBORES DE LA EDAD MODERNA

La historia moderna de la Astronomía alboreó con Nicolás Copérnico, nacido en Polonia, en 1473, y muerto, en 1543. Fué Copérnico uno de los poderosos ingenios que produce de cuando en cuando la clase humilde. Se dice que sus padres eran esclavos o siervos; cuando menos es indudable que pertenecían a la clase más pobre de la sociedad. Afortunadamente, Copérnico tenía un tío obispo, de quien era amado entrañablemente. Muy joven todavía el futuro astrónomo, al quedar huérfano de padre y madre, fué recibido por su buen tío, que desempeñó para con él los cuidados de padre, y gracias al cual pudo el muchacho seguir la carrera eclesiástica.

Ordenado de sacerdote y nombrado canónigo, en la catedral de su tío, consagró Copérnico su existencia al alivio de los enfermos, a la predicación y al estudio de la astronomía. Leía cuanto le era posible los escritos de los antiguos astrónomos, y, en su clara inteligencia, vió que no eran del todo ciertas las conclusiones a que había llegado Tolomeo. Por las noches, sentado en la torre, contemplaba las silenciosas estrellas y se sumergía en la penetración de sus misterios.

Convencido, al fin, de que no es el sol el que da vueltas alrededor de la tierra, sino que son la tierra y los planetas los que dan vueltas alrededor del sol, escribió una obra con el objeto de demostrar su nueva teoría. Esta obra, que a cambio de bastantes defectos, contenía grandes y admirables verdades, ha sido considerada como el fundamento de la astronomía moderna. Temiendo las prevenciones de la época, se resistió en una larga lucha interior a entregar su manuscrito a la imprenta; por fin, viendo muy cercano el fin de su vida, se decidió a imprimirlo, y el día que precedió al de su muerte, pudo tener en sus manos, ya impreso, el nuevo libro.

Antes de empezar a hablar de otra gran figura de la astronomía, justo es mencionar aquí el nombre del primer astrónomo inglés que se distinguió por esta época: Roberto Recorde, nacido en Tenby, condado de Pembroke, en 1510, y muerto en 1558, en la cárcel de Londres, a donde eran enviados los deudores insolventes. Enseñó matemáticas y Medicina en Oxford y se estableció en Londres, en donde tuvo pasión de ganar mucho dinero que debió de despilfarrar, pues tuvo que ser encarcelado por deudas. Aceptó desde luego las nuevas teorías de Copérnico y escribió algunas obras sobre astronomía, las primeras de que hay noticia en Inglaterra.

Volvamos al Continente, en donde se nos ofrece ocasión de conocer al famoso danés Tico Brahe, que nació en Knudstorp, población de Suecia, pero que en 1546, fecha de su nacimiento, pertenecía a Dinamarca, y murió en Praga, en 1601. Algunos niños, cuando estudian, tienen que luchar contra la pobreza. Brahe, por el contrario, tuvo que luchar contra la riqueza. Sus padres, personajes muy considerados en la ciudad, llenos de preocupaciones, no podían ver con buenos ojos que su hijo se dedicase al estudio, por amor al estudio. Deseando, pues, que se dedicase a la abogacía, le enviaron de universidad en universidad a fin de que aprendiese leyes y se recibiera de abogado.

TICO BRAHE, EL RICO DANÉS, EN SU CIUDAD DE LOS CIELOS

Pero él había puesto toda su afición en la contemplación de los cielos. No poseía más instrumentos científicos que dos compases, y con éstos se impuso la tarea, cuando no contaba más que catorce años, de averiguar la distancia de las estrellas. A pesar de los obstáculos que encontró a su paso, llegó a hacerse célebre por sus conocimientos astronómicos, tanto que a los 30 años, sus trabajos llegaron a noticia del rey de Dinamarca, quien le concedió una pensión y le construyó un hermoso observatorio, el mejor que hasta aquella fecha había visto el mundo. Estaba situado dicho observatorio en una isla cercana a Copenhague, y se llamaba la Ciudad de los Cielos.

Aquí trabajó Brahe durante veinte años, enteramente dedicado a la astronomía. Hacía tres que había muerto Copérnico, cuando nació Brahe, de modo que el astrónomo danés pudo estudiar las obras del gran maestro y mejorarlas en lo que a su juicio tenían de imperfecto. En primer lugar, estaba convencido de que Copérnico se había equivocado en algunos puntos.

Le parecía imposible que la tierra pudiese ser el diminuto globo que se suponía en la teoría copernicana; por grande que fuese el talento de Brahe, no lo fué bastante para descubrir la verdad totalmente.

Admitió la teoría de Tolomeo, al afirmar que el sol da vueltas alrededor de la tierra; pero los demás planetas, dijo, giran en torno del sol, de manera que ellos y el sol dan vueltas en torno del mundo, el cual permanece fijo en su lugar.

CONTRATIEMPOS DE TICO BRAHE Y BIENES QUE PROVINIERON DE ELLOS

Se equivocó en esto de medio a medio, pero forzoso es reconocer que sus trabajos, en general, fueron valiosísimos. Descubrió nuevas leyes del movimiento de la luna; completó notablemente los conocimientos que hasta entonces se tenían sobre los cometas y determinó con mucha más precisión que ningún otro astrónomo desde los días de Hiparco, la posición de las principales estrellas.

La muerte de su amigo, el rey, causó a Brahe no pequeños

contratiempos: le suprimieron la pensión de que gozaba, quedó abandonado su observatorio y se vió el astrónomo obligado a emigrar a Praga. Por fortuna, el emperador Rodolfo le favoreció con su amistad, pero fué todavía mayor suerte para el mundo el que se encontrase con un oven que había de superarle en celebridad.

JUAN KÉPLER LEE EL MISTERIO DE LAS ESTRELLAS

Fué este joven Juan Képler, el gran astrónomo alemán, nacido en Würtemberg, en 1571 y muerto en Ratisbona en 1630. Eran sus padres gente de escasos recursos, pero que lograron dar a su hijo una esmerada educación, único bien de fortuna que pudieron legarle. Fué instruido en un colegio de religiosos, siendo nombrado a los veintidós años profesor de astronomía. Hasta esta fecha no había sentido afición particular a esta ciencia, a pesar de haber leído las obras de Copérnico, que desde luego juzgó ajustadas a la verdad; mas en adelante consagró al estudio de los cielos toda su vida.

Fué siempre pobre, y aun muchas veces, en los últimos años de su existencia, se vió apurado para ganar lo necesario a su sustento.

Durante mucho tiempo, hizo Képler los esfuerzos más atrevidos para dar respuesta exacta a esta pregunta, que le intrigaba sobre manera. Cómo conservan su posición en el sistema solar estos grandes cuerpos brillantes, que llamamos astros?. Algunas de las explicaciones que dió fueron algo acertadas, otras erróneas en absoluto.

Escribió una obra en la que reprodujo cuanto había hecho y enseñado. Llegó este libro a manos de Brahe, quien de esta manera conoció al nuevo astrónomo que tanto había de dar que hablar en lo sucesivo. Tico Brahe le nombró auxiliar suyo, y aun cuando sólo vivió dos años en su compañía, fueron fructuosísimos para la historia de la ciencia astronómica.

DESCUBRIMIENTOS DE KÉPLER Y APARICIÓN DE GALILEO EN ITALIA

El astrónomo danés enseñó a Képler todo lo que había aprendido en sus largos años de estudio, y a su muerte le dejó sus papeles, sus instrumentos, y todo cuanto respecto a la astronomía tenía entre manos o había ejecutado. Képler sucedió a su maestro en el cargo que éste ocupaba; y desde entonces trabajó más que nunca para dar solución satisfactoria al problema que tanto le había intrigado.

Descubrió las leyes que nos permiten determinar el lugar que ocupa cada planeta en su órbita, es decir, su trayecto circular en el firmamento; y esto no sólo en el momento actual, sino también en épocas pasadas.

Las leyes de Képler fueron el fundamento de la nueva astronomía, estudiada científicamente.

Hasta entonces ningún hombre había podido ver el cielo con ayuda de telescopio; los grandes descubrimientos astronómicos se habían realizado sirviéndose de la simple vista. Galileo fué el primero que dirigió hacia el firmamento un instrumento semejante, pero, según veremos, no fué ésta únicamente la causa de su merecida celebridad.

Se llamaba Galileo Galilei; nació en Pisa, Italia, en Febrero de 1564, y murió en Arcetri, junto a Florencia, en 1642. Sus antepasados habían sido personajes distinguidos, pero así su padre como su madre eran pobres, a pesar de lo cual pusieron todo su empeño para que, fueran cuales fueran las privaciones que hubiera de costarles, llegase su hijo a cursar la carrera de médico; en cuanto a las matemáticas, en manera alguna querían que las estudiase, por temor a que ellas le desviasen de la profesión que a todo trance deseaban darle.

Por su parte, Galileo manifestó desde niño gran habilidad para la mecánica, el modelado y la música; y pintaba con tal arte y maestría, que, a haber nacido unos años atrás, hubiera llegado a ser seguramente un pintor famoso y un gran artista.

Se empeñó en serlo, pero cuando, al entrar en la Universidad de Pisa, vió que todo buen artista necesitaba saber geometría, se dedicó con ahínco al estudio de esta ciencia, lo que fué causa de que se abriesen a su vista nuevos horizontes.

CÓMO GALILEO DIÓ A LOS MÉDICOS LA PRIMERA MÁQUINA DE QUE DISPUSIERON EN EL MUNDO

Se enteró de los experimentos de Arquímedes y del método que había empleado este gran matemático para hallar la cantidad de metal vil que el platero había mezclado en la corona real. Precisamente este hecho sugirió a Galileo un método mucho más sencillo y rápido para resolver el problema de Arquímedes.

Consistía dicho método en una balanza de su invención, acerca de la cual escribió un ensayo en donde demostró tan profundos conocimientos de matemáticas, que fué nombrado profesor de esta ciencia en Pisa; desde entonces, sin entregarse ya a más vacilaciones de, si sería artista o médico, prosiguió los estudios que había empezado, sin que nadie se le opusiese ya en todos los días de su vida.

Pero antes de que ocurriese este incidente hizo por los médicos algo en que nadie había pensado. Advirtió, hallándose en la catedral de Pisa, una lámpara que oscilaba con toda regularidad, cualquiera que fuese la longitud de las cuerdas de que estaba suspendida.

Reflexionó sobre este hecho, y sus reflexiones le condujeron a inventar el primer péndulo y a emplearlo para medir el pulso humano, a fin de que con toda seguridad pudiera conocer el médico la prisa con que latía el corazón del enfermo y llegar por este medio a determinar su fortaleza y debilidad. Tal fué la primera máquina que tuvieron los médicos para ayudarles a tratar el cuerpo humano.

Mientras estudiaba en Pisa, Galileo llegó a persuadirse de que gran parte de la enseñanza de entonces era disparatada. Todavía creía la gente en el sistema de Tolomeo; y en cuanto a varias leyes mecánicas aceptaba sin ningún temor cuanto había sido escrito por Aristóteles, antiguo sabio griego, nacido cerca de cuatrocientos años antes de Jesucristo y preceptor de Alejandro Magno.

Aristóteles había sido un hombre admirable en toda la extensión de la palabra, lo cual no impide que en algunos puntos se hubiese equivocado. Una de sus equivocaciones consistió en afirmar que si dos cuerpos de idéntica substancia caen desde la misma altura, el cuerpo más pesado llegará antes a tierra; y que el cuerpo, cuyo peso es doble, llegará al suelo en la mitad del tiempo que emplee el más ligero que se ha tomado por punto de comparación. Por más de mil novecientos años nadie se había atrevido a poner en duda semejante principio; Galileo fué el primero en hacerlo; más todavía, vió que era erróneo y así lo dijo.

Tomó dos piedras, una de diez libras y otra de una, y las dejó caer desde lo más elevado de la torre de Pisa. Ahora bien, según la ley de Aristóteles, la piedra que pesaba diez libras debía llegar a tierra en la décima parte del tiempo que empleara la que sólo pesaba una; en cambio, ambas llegaron a tierra juntas. Galileo quedó satisfechísimo de su prueba, por el contrario, los discípulos de Aristóteles se pusieron furiosos.

Se resistían a creer lo que habían visto con sus propios ojos, y afirmaban que podían demostrar, por las mismas obras de

Aristóteles, que era imposible lo que Galileo acababa de hacer. Entonces Galileo expuso la ley que le había resultado de sus investigaciones, a saber; que todos los cuerpos caían con la misma velocidad, salvo los muy ligeros, para los cuales la resistencia del aire podía ser causa de disminuir la rapidez del descenso. Esta declaración acabó de enojar a todo el mundo, y convirtió en enemigos suyos a los estudiantes y a los profesores de las universidades.

Otro contratiempo sobrevino muy pronto a Galileo. Deseando un poderoso ciudadano sacar el lodo del puerto de Liorna, enseñó a Galileo la máquina de que pensaba servirse; el matemático aseguró que ésta era inútil para aquel objeto, y, aunque luego los hechos dieron la razón a Galileo, la indignación que contra él se produjo en la ciudad fué tal, que se vió obligado a huir desde Pisa a Florencia.

Le esperaban aquí nuevas desgracias y contratiempos. Murió su padre, con lo cual Galileo hubo de encargarse del cuidado de su madre y de tres hermanos, en una época en que todo se había vuelto contra él. Después de dos años de innumerables trabajos, llegó a ser nombrado profesor de matemáticas en Padua; tenía a la sazón veintisiete años, y permaneció en esta ciudad diez y ocho.

Durante este tiempo produjo una cantidad enorme de trabajo científico, y fué tal la fama de su saber, que de todas partes de Europa acudía gente para oír sus explicaciones.

CÓMO GALILEO DEMOSTRÓ CON SU TELESCOPIO SER FALSA UNA TEORÍA DE ARISTÓTELES

Por este tiempo, el sabio matemático, cuyo sueldo era muy escaso, se vió precisado a ejercer de tutor de escolares, a fin de poderse mantener a sí mismo y a su familia. Al principio de su carrera había creído en el sistema de Tolomeo, y lo había enseñado a sus discípulos, pero cuando se convenció de que la teoría de Copérnico era verdadera, se puso a enseñarla, a pesar de los peligros que podía acarrearle, dado lo arraigada que estaba entre la gente la teoría del antiguo astrónomo.

En 1609 introdujo nuevas mejoras en su telescopio. Se había construido en Holanda uno terrestre, pero Galileo hizo otro mejor para contemplar el cielo. No nos detendremos en describir este instrumento, del cual hablamos en otro lugar de esta obra. Lo primero que examinó con él fué la luna, y de su examen dedujo, contra lo que había dicho Aristóteles, que se asemejaba a nuestro globo, llena de montañas y llanuras. Los aristotélicos se negaron a creerlo, obstinados en su antigua opinión de que la luna era perfectamente redonda y lisa. Pero no habían de tardar en descubrirse nuevas maravillas.

Con ayuda de su telescopio se convenció Galileo de que el sistema planetario no era exactamente lo que hasta entonces se había creído. Descubrió cuatro satélites que giraban alrededor de Júpiter, de igual manera que los planetas giran en torno del sol. Estos descubrimientos le concitaron nuevos enemigos « ¡Cómo es esto posible! » exclamaban; hubo quien argumentó de esta manera: « Sólo hay siete aberturas en el rostro, dos ojos, dos orejas, dos ventanas en la nariz y la boca; sólo hay siete metales, y siete días en la semana; luego no puede haber más que siete planetas ».

En vista de esta resistencia a darle crédito, les permitió Galileo mirar por su telescopio al cielo. Los astros que mediante este instrumento se veían eran muchos más de los que ellos estaban acostumbrados a ver y cuya existencia negaban; mas no por esto se dieron por vencidos. «Perfectamente, dijeron; pero desde el momento en que no pueden verse a simple vista no ejercen ninguna influencia en el mundo; y siendo inútiles, no existen ».

Pero sus descubrimientos, a la vez que le conquistaron más encarnizados enemigos, extendieron más su fama y contribuyeron a aliviar algo su situación pecuniaria, pues le abrieron las puertas de Florencia, en donde te le ofrecía mucho mejor salario. Muchos descubrimientos debemos a Galileo, entre ellos la demostración de que, aun cuando la tierra da vueltas en torno del sol, también este astro tiene un movimiento giratorio.

Infatigable y laborioso como el que más, continuó escribiendo importantísimas obras, hasta que quedó ciego. El hombre que más que ningún otro nos enseñó lo que los cielos nos demuestran, no pudo ver su propia gloria. Murió a los setenta y ocho años, después de haber legado al mundo una porción de conocimientos, en los cuales se ha fundado gran parte de los actuales conocimientos de las ciencias naturales.

Es ley natural que los hombres se aprovechen de los conocimientos de sus predecesores para erigir el edificio de la ciencia. Copérnico, Képler, y Galileo prepararon el camino a Jeremías Horrochs, el fundador de la astronomía inglesa, que observó el paso de Venus, y a Sir Isaac Néwton, el gran matemático y astrónomo.

Nació Néwton en Woolthorpe, condado de Lincoln, en 1642, y murió en Londres, en 1727. Siendo niño era notable entre sus compañeros por su gran torpeza para la mayor parte de las asignaturas; en cambio, en tratándose de las matemáticas y de la mecánica, se le veía tan otro que aventajaba de mucho a los más listos en estas asignaturas. En la Universidad de Cámbridge se hizo ya célebre.

Había demostrado Galileo su famosa ley de la caída de los cuerpos, pero nadie creyó que semejantes leyes pudieran afectar a los cuerpos celestes.

Un día hallándose Néwton sentado en su jardín, vió caer del árbol una manzana. « ¿Por qué habrá caído? » —se preguntó—¿por qué no ha flotado o se ha elevado en el aire?—En este problema fijó su atención y en él trabajó hasta llegar a la conclusión de que todos los cuerpos son atraídos al centro de la tierra. Luego, dando un paso más adelante, descubrió que los planetas son también atraídos hacia el sol. Por fin, poco a poco descubrió la ley de la gravitación, que explica el movimiento de todos los cuerpos celestes.

En esta ocasión nos dió también Newton una gran lección de paciencia. Al principio no podía explicar los movimientos planetarios porque no tenía a su disposición figuras que le diesen el tamaño de la tierra, ni siquiera otro que proporcionalmente fuese su equivalente; de modo que, aun cuando los experimentos realizados le dieran el resultado apetecido, no podía considerar enteramente resuelto el problema.

El mundo estaba en vísperas de un gran descubrimiento, pero Newton, en espera de mejor ocasión, dejó a un lado su invento por espacio de siete años enteros. Sucedió al fin de ellos, que un tal Picard produjo figuras aceptables para el experimento del gran astrónomo; entonces Newton, viendo llegada su ocasión, tomó la obra en el punto en que Picard la había dejado y consiguió lo que se proponía.

Por este tiempo los sabios, persuadidos ya de la gran importancia de la astronomía, propusieron a Carlos II de Inglaterra utilizar los servicios de los astrónomos para hallar la longitud del mar, permitiendo así a los marinos navegar con seguridad y con conocimiento exacto de la ruta que seguían.

En estas investigaciones alcanzó gran reputación Juan Flamsteed, nacido en Derby, en 1646, y muerto en 1719. Consultado por el gobierno acerca del encargo que quería darse a los astrónomos, contestó que eran tan escasos los conocimientos astronómicos, que seguramente no podría ser llevado a cabo el deseo del rey. Como quiera que sea, Flamsteed obtuvo, en 1675, el nombramiento de primer astrónomo real, y con el fin de que pudiera dedicarse cuidadosamente a las observaciones astronómicas, y contribuir así a la seguridad de la navegación, se construyó el Observatorio de Greenwich. El nuevo director trabajó honradamente y con excelentes resultados en el cargo que se le había encomendado, y trazó mapas estelares cual nunca se habían visto hasta entonces.

Flamsteed ganaba sólo quinientos pesos oro anual, y con ellos había de costear también los instrumentos astronómicos que necesitase. Esto, unido a lo pobrísimo del incipiente observatorio, realza más el admirable triunfo obtenido, sobre todo, si se tiene presente el estado habitualmente enfermizo del astrónomo, que con dificultad podía ejecutar su trabajo, aun circunscribiéndolo a la enseñanza de sus discípulos, de cuyas gratificaciones tenía necesidad para poder vivir. Como acostumbran hacerlo las personas de salud delicada, sostenía largas pláticas con sus mejores amigos, entre los que se contaban Newton y Edmundo Hálley.

Este último, ya de niño, fué gran astrónomo. Nació en Londres, en 1656, y antes de los diez y nueve años, hizo tales progresos en la astronomía que se le hubiera sido fácil encontrar cualquiera estrella extraviada en medio del cielo».

Esta frase, que llegó a ser famosa aplicada a Hálley, manifiesta la gran celebridad que gozaba entre los astrónomos. Cuando supo de que Flamsteed estaba haciendo un mapa de las estrellas del hemisferio boreal, Hálley se propuso hacer el del hemisferio austral; y como su padre era persona pudiente y muy ufano de los conocimientos de su hijo, no sólo le dió el consentimiento para el viaje, sino también el dinero necesario para llevar adelante su empresa.

Sin esperar siquiera a terminar su carrera, Hálley salió de Cámbridge con dirección a Santa Elena, en donde permaneció diez y ocho meses, durante los cuales hizo un mapa de 314 estrellas. Posteriormente sucedió a Flamsteed en su cargo de astrónomo real, en el cual llevó a cabo importantes trabajos, entre ellos la predicción del regreso del cometa que ha tomado su nombre.

EL HOMBRE A QUIEN ISAAC NEWTON DEBIÓ LA PUBLICACIÓN DE SU GRAN DESCUBRIMIENTO

Con todo, la obra más importante de Hálley fué la de mandar publicar el manuscrito en que se contenía el gran descubrimiento de Newton, el cual seguramente no se hubiese publicado a no haber sido por él; ¡cuánto no hubiera perdido el mundo de no haberse llevado a cabo esta publicación!. Hálley fué nombrado capitán de marina, con el fin de que pudiera continuar sus estudios acerca de la luna y las estrellas en el cielo, y de las mareas en el mar. Murió en 1742.

Le sucedió en el cargo Jacobo Bradley, nacido en Sherborne, Dorset, en 1693, y fallecido en la misma población, en 1762. Su descubrimiento más importante fué el que ha recibido el nombre de aberración de la luz. Sabemos que la luz camina a razón de unos trescientos mil kilómetros por segundo.

Lo que nosotros vemos no es la estrella, sino su luz, la cual emplea un tiempo determinado en llegar a nosotros; pero como mientras dicha luz camina la tierra da vueltas en su órbita por el firmamento; resulta que vemos la luz de las estrellas, no realmente donde se halla en la actualidad el astro del cual procede, sino donde poco antes se hallaba. Esta fué la primera prueba clara del actual movimiento de la tierra y lo que hizo famoso a Hálley.

EL FUNDADOR DE LA ASTRONOMIA INGLESA OBSERVANDO LA SOMBRA DE UN PLANETA EN EL SOL. Jeremías Horrocks observando el paso de Venus.

Para esto dejó a obscuras la habitación, en la fecha 24 de Noviembre de 1639, única que a él le interesaba, y colocó un tubo en la ventana en dirección al sol. Luego, poniendo una pantalla en el extremo opuesto, de manera que el disco del sol se reflejase en ella y moviéndola a medida del movimiento del sol, consiguió ver la sombra de Venus atravesando el disco de luz. Esto le permitió calcular el tamaño del planeta. Aunque murió a la edad de veintitrés años, hizo otros descubrimientos útiles sobre la ciencia astronómica y en lo concerniente a las mareas del Océano

EL PRIMER RELOJ QUE AYUDÓ A LOS MARINOS A ENCONTRAR SU RUTA EN EL MAR

Ocupó luego el cargo de astrónomo real Nevil Maskelyne, natural de Londres, en donde nació, en 1732. Trabajó más que todos sus predecesores para encontrar la longitud en el mar. En su tiempo se hizo el primer reloj que había de designar la hora en el mar, ventaja nada despreciable por cierto, activamente, con ayuda de este reloj, que llevaba la hora de Greenwich a todos los mares, los marinos no tenían más que observar la posición de los cuerpos celestes, y, comparando el tiempo en que estaban con el del reloj de Greenwich, podían determinar exactamente el lugar del mar en que se hallaban. Maskelyne murió en el observatorio de Greenwich, en 1811.

Le sucedió Sir Jorge Biddell Airy. Nació en Alnwick, en 1801, y murió en Greenwich, en 1892. Trabajó mucho en el trazado del mapa de los cielos, y aplicó sus conocimientos astronómicos a la geografía terrestre y marítima. Él ha puesto la ciencia astronómica a la altura en que se halla en el Observatorio de Greenwich; del cual se ha dicho que, si se perdiese de repente la ciencia astronómica, podría ser restituida punto por punto con que sólo subsistiese este célebre Observatorio.

GUILLERMO HERSCHEL Y SU ANIMOSA HERMANA CAROLINA

No fueron únicamente célebres en astronomía los directores del observatorio inglés. El más notable de todos fué Sir Guillermo Hérschel, nacido en Hannóver, en 1738. Hijo de pobre familia no pudo recibir de pronto otra instrucción que la de músico, lo cual le sirvió para ganarse la vida tocando en una banda. Pasó más tarde a Inglaterra en donde estudió matemáticas y astronomía.

No teniendo dinero para comprar un telescopio, se lo construyó por sí mismo, y con su ayuda hizo algunos descubrimientos famosos; el mayor de ellos el del planeta Urano. En todos los trabajos halló siempre una compañera valiosísima en su hermana Carolina, una de las mujeres más resueltas, inteligentes y amables que han existido.

La madre de Carolina, que sentía contra ella una antipatía extraordinaria, se resistió a que recibiese instrucción de ninguna clase, alegando que tenía sobrado trabajo en casa para fregar y ejecutar todos los demás quehaceres domésticos.

Mas su padre, que por lo contrario le tenía un gran afecto, le dió en secreto lecciones de música. Un poco de música y otro poco de costura, además del barrido y fregado de la casa, fueron los únicos trabajos a que se dedicó hasta el fallecimiento de su padre.

Luego se adiestró para aprender de modista y otros oficios similares, en los cuales se ocupaba hasta altas horas de la noche, después de haber terminado sus ocupaciones diarias.

Al fin, enviada a buscar por su hermano, que la quería entrañablemente, vivieron ambos en Bath, en donde le dió lecciones de música y le enseñó inglés y aritmética. Carolina se sintió feliz como en ninguna otra época de su vida.

CAROLINA AYUDA A SU HERMANO A CONSEGUIR LA FAMA

La joven por su parte aprendió a imitar con la boca el sonido del violín, habilidad que le permitía tomar parte en los conciertos musicales y contribuir al aumento de fondos en su pobre casa. Mientras su hermano construía el telescopio, Carolina le servía al mismo tiempo de criada y de aprendiz.

Le ayudaba a pulir las lentes, le preparaba la comida y le leía libros, mientras se hallaba él trabajando. Por algún tiempo la joven se dedicó con buen resultado a cantar en los conciertos; pero no tardó en dejar la música, a fin de poder ayudar a su hermano en la astronomía.

Solía pasar en su compañía la noche, en la contemplación de los astros. Copiaba sus papeles, le ayudaba a trazar sus mapas, llevaba el trabajo material de la casa, y en todo era una compañera afectuosísima. El tiempo que le sobraba lo empleaba indefectiblemente en limpiar y pulir los espejos y lentes de los telescopios.

No abundan ciertamente las mujeres como Carolina Hérschel, pero al fin le alcanzó la hora del premio, pues por sus trabajos personales llegó a ocupar un puesto distinguido entre los astrónomos. La misma aureola de hermosura moral, que hacía de ella una especie de hada, la acompañó hasta el fin, en que al ver moribundo a su hermano, entregó al hijo de él y a su familia buena parte de los pequeños ahorros que había hecho. Después de esto volvió a Hannóver para vivir, y no por cierto con gran felicidad, en medio de sus parientes. Murió en esta ciudad, en 1848, a los 97 años, honrada por todos los grandes hombres de Europa, y amada y admirada como una de las mujeres más extraordinarias que han existido.

LA OBRA QUE HIZO LLORAR DE ALEGRIA A CAROLINA ANTES DE MORIR

El sobrino favorito a quien Carolina dio parte de sus ahorros, Sir Juan Federico Guillermo Hérschel, fué más notable astrónomo que su padre. Llevó a cabo las obras empezadas por éste y por su tía; catalogó todas las estrellas visibles en ambos hemisferios, para lo cual hizo adrede un viaje a la otra parte del mundo. La mayor alegría de su vida fué poder enviar un ejemplar de esta gran obra a su tía Carolina, poco antes de que ésta muriera.

SIR ISAAC NEWTON Y GALILEO

Galileo observa la lámpara oscilante en la Catedral de Pisa.

Sir Isaac Newton ve caer una manzana

Por cierto que la anciana señora no pudo menos de llorar de alegría al ver el extraordinario trabajo realizado por su sobrino; y sintió tanta mayor satisfacción cuanto en este libro estaba también el resultado de la obra empezada por ella, allá, cuando ejercía de criada y de aprendiza en el observatorio de su hermano, y continuada más tarde personalmente cuando ya era astrónoma famosa.

A tales hombres y mujeres, que con frecuencia luchaban no sólo con la pobreza, sino también con dificultades que hoy día apenas podemos comprender, debemos el conocimiento del cielo, del cual se trazan hoy mapas tan preciosos como los de nuestros respectivos países.

Galileo mirando a través del primer telescopio astronómico.

Sir Isaac Newton estudia la luz solar dentro de una habitación obscura.

El corneta de Halley—fotografía tomada en mayo de 1910, en el gran observatorio astronómico de Yerkes Estados Unidos

LOS INVENTORES DE LA IMPRENTA

SI observamos la perfección con que se imprime en nuestros días, nos convenceremos más del atraso, en que se hallaba el mundo civilizado cuando los hombres carecían de imprenta y los pocos libros que existían eran escritos a mano.

Difícil es adivinar la vida que llevarían nuestros antepasados en aquella época, sin ningún libro que leer. No podían de seguro estar más adelantados en cosas que afectan el espíritu de lo que lo están los salvajes en nuestros tiempos. Unas pocas historias y leyendas iban pasando de boca en boca, y ese era el único alimento intelectual que recibían. Las gentes todas vivían en la más crasa ignorancia.

Podría tal vez creerse que un hombre rico tendría a gala el ser inteligente y culto, pero en aquellos días el hombre rico era de ordinario muy ignorante.

Lejos de aplicarse en la lectura, consideraba el leer y el escribir una ocupación demasiado baja para él. Había gentes que sabían escribir y que podían enseñarle tan provechoso arte; pero el hombre poderoso y rico de aquellos tiempos no se hubiera avenido jamás a rebajarse hasta este punto. Hallaba mercenarios que escribiesen por él entre los pasantes y los frailes pobres. Ni siquiera sabía firmar. Escribir su nombre era como ponerse la armadura, algo que pagaba a un vasallo, para que lo hiciere por él.

Poco a poco los tiempos fueron progresando; los deseos de instruirse iban haciéndose cada vez mayores entre la gente rica, pero los medios de que se disponía no bastaban. No había en toda Europa más libros de los que hay hoy en una de nuestras grandes bibliotecas.

Cada libro necesitaba quizás años para su confección y el mundo hubiera ganado muchísimo sin algunos de los libros que entonces existían, porque sólo trataban de las supersticiones de los hombres. Enseñándoles a torturar y a quemar vivos a muchos inocentes acusados de hechiceros, estos libros no hacían más que contribuir a hacer de aquel siglo uno de los peores de la historia.

Había, como es natural, algunos libros mejores. Existían unas cuantas copias escritas de libros compuestos por los más grandes escritores de Roma y Grecia, que alcanzaban un precio elevadísimo, señalado por los pocos que los conocían y les tenían cariño. Así vemos que un hombre que deseaba comprar una casa de campo cerca de Florencia, vendió una edición de un famoso libro que poseía, y el hombre que la compró tuvo que vender a su vez una pieza de tierra para poderla pagar.

Los deseos de poseer libros iban aumentando, pero los medios para producirlos con más rapidez no guardaban relación con la demanda. Entonces es cuando se presentó la necesidad de algún nuevo invento para proporcionar un buen caudal de libros a las gentes deseosas de saber y en esta ocasión vino al mundo en la ciudad de Maguncia, Alemania, el año 1410, el inventor de la imprenta, llamado Juan Gutenberg.

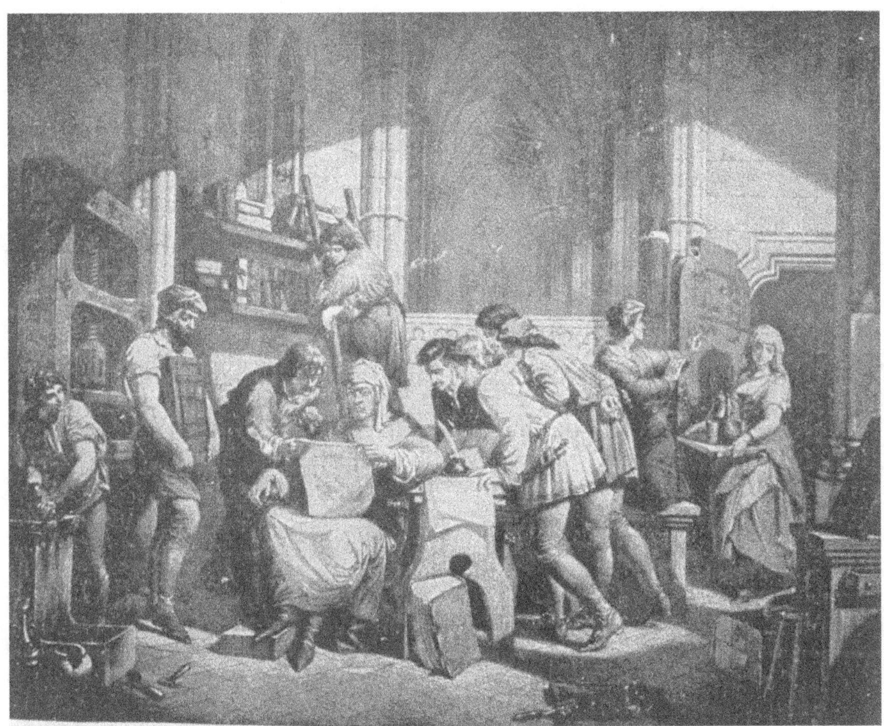

Cuando se habla de una revolución, se suele creer que se trata de un combate y de derramamiento de sangre; pero en estos fotograbados, por pacíficas que sean las escenas que en ellos se representan, se advierte el principio de una de las más grandes revoluciones de la historia del mundo. Nada influyó tanto en el progreso intelectual ni cambió el carácter de los pueblos y de las naciones, como el invento de la imprenta. Se vé aquí a Guillermo Caxton, que introdujo el arte de imprimir en Inglaterra, en 1476, leyendo el primer pliego de prueba sacado de la prensa de imprimir en un local perteneciente a la Abadía de Wéstminster

GUTENBERG, EL HOMBRE CASI DESCONOCIDO, A QUIEN TODO EL MUNDO HONRA

Es muy curioso que la imprenta, sirviendo como sirve para registrar los hechos históricos o al menos todo lo que se sabe de los grandes inventos, registre tan poco de sí misma. Se ignora quién fué el primero que ideó la imprenta, pero se sabe positivamente que Gutenberg fué el primer hombre en la historia que dió al mundo un libro impreso por medio de piezas separadas de tipos movibles, y que hay algunos otros hombres que vivieron en la misma época y reclaman para sí el honor de haber sido los inventores.

Tampoco se sabe con exactitud la fecha del nacimiento de Gutenberg, aunque la más generalmente aceptada es el año 1410. Otros dicen que el insigne inventor nació once años antes. También se ignora cómo transcurrió su niñez. Su invento fué causa de la revolución más grande que vió el mundo en la historia de los conocimientos humanos, y, sin embargo, se sabe tan poco de la historia de su vida privada como si se hubiese tratado de la de un ciudadano cualquiera.

El motivo de la confusión que existe acerca del invento del arte de imprimir, puede ser algo más fácil de comprender, si echamos una ojeada a las tentativas que se llevaron a cabo para producir libros cuando Gutenberg no era más que un jovencito. La idea de que existía un medio mejor para producir libros que el de escribirlos a mano, se había ya abierto camino en el espíritu de muchos.

Se había descubierto el modo de imprimir con lo que llamamos grabados al boj, que eran unos dibujos cortados en trozos de esta madera, los cuales, al pasarles una capa de tinta por la superficie, imprimían el dibujo en un papel prensado encima.

CÓMO APRENDIERON LOS HOMBRES A IMPRIMIR GRABADOS ANTES DE QUE PUDIESEN IMPRIMIR PALABRAS

Este modo de imprimir dibujos hizo que los hombres se familiarizasen con el pensamiento de trazar figuras en papel por medio del grabado sobre madera, con el cual podían imprimirse muchísimos ejemplares.

Pero todo esto estaba muy lejos del arte de imprimir libros con tipos que, después de haber servido para un libro, podían servir una y otra vez para imprimir muchos otros. Los grabados no producían más que estampas o láminas. El título estaba también grabado.

Bien se puede comprender que había de emplearse mucho tiempo para grabar toda una página de palabras en un bloque de madera, y hubiera sido imposible imprimir muchos libros para los cuales cada página de texto necesitaba un bloque de madera por separado.

Lo que convenía era cierto número de letras movibles que pudiesen juntarse para formar una palabra y luego impresa ya la página, las letras o tipos pudiesen distribuirse y componerse nuevamente para formar otras páginas. A Gutenberg, pues, le tocó en suerte el poner en ejecución aquella maravillosa idea; o al menos tal es la creencia de la mayor parte de los historiadores.

No faltan, sin embargo, escritos que nos presenten una narración diferente. Dicen que un hombre llamado Lorenzo Janszoon Coster, de Haarlem, de Holanda, fué el inventor de los tipos movibles y que hasta imprimió un libro con ellos; y que después su criado robó los tipos y se los llevó a Gutenberg, a cuyo servicio entró y a quien enseñó a imprimir. Al estudiar la historia de la Imprenta, hemos tenido que procurarnos todos los datos posibles, y podemos decir que hay muy pocas pruebas en favor de esta historia.

Cuando los libros eran muy famosos y costosos, se colocaban muchas veces ejemplares en las catedrales para el público, pero los sujetaban con cadenas para que no se los llevasen, según se representa en esta fotografía de los libros existentes aún hoy en la catedral de Hereford

CÓMO FUERON ARROJADOS DE MAGUNCIA POR EL POPULACHO LOS PADRES DE GUTENBERG

La vida de Coster no fué impresa hasta cien años después de la muerte de Gutenberg. Podemos estar seguros de que el mundo la hubiera conocido a su tiempo, si hubiese habido en ella algo de verdad. Alemania y Holanda tenían entonces sus tribunales, y Coster hubiera demandado a Gutenberg, o al infiel criado, si lo que se decía de ambos hubiese sido cierto. Cuando quisieron acusar a Gutenberg, no vacilaron en comparecer ante el tribunal para prestar declaración contra él, como luego veremos.

Vamos ahora a narrar todo lo que sabemos de la vida y hechos de Gutenberg. Sus padres eran de noble cuna. Se llamaba su progenitor Gansfleisch, pero adoptó el nombre de su madre, a fin de que no se extinguiese este nombre, toda vez que era ella el último descendiente de su casa.

Poco podía pensar la buena señora que de tanta gloria había de verse rodeado su nombre con el tiempo. Cuando Juan contó unos diez años, sus padres tuvieron que huir de Maguncia. Aconteció en esta ciudad por aquel tiempo una gran disputa entre ricos y pobres, y sus padres, que pertenecían al bando de los ricos, huyeron llevándose a su hijo. Se domiciliaron en Estrasburgo, y allí creció el inventor del arte de imprimir.

Era Gutenberg un muchacho de un entendimiento claro, y de gran fuerza inventiva. A la edad de quince años o poco más, se dedicó a la experimentación del pulimento de las piedras y a la fabricación de espejos. Necesitaba más capital del que le podían dar en su casa, y para procurárselo, indujo a un ciudadano, llamado Andrés Dritzehn, a salir fiador por él.

UN NEGOCIO DE ESPEJOS QUE FRACASÓ Y LO QUE ACONTECIÓ DESPUÉS

Dritzehn debió tener al joven en muy buen concepto, porque se asoció con él en el negocio de pulimentado de piedras y en el de la fabricación de espejos. Claro está que antes que ellos ya se fabricaban espejos de todas clases, pero el joven Juan había descubierto un procedimiento para hacerlos mucho mejores de los que se habían fabricado hasta entonces.

La empresa debía marchar bien, pues, según parece, los dos socios continuaron en aquel ramo de fabricación, durante los siguientes doce o trece años. Un accidente infortunado quizás les hizo disolver la sociedad. Había de tener lugar una peregrinación a Aquisgrán; y los dos socios habían contado con vender un buen número de espejos. Se aplazó la peregrinación y las existencias quedaron sin vender.

Esta fué, parece, la causa que puso fin al negocio. Gutenberg volvió desde este momento a dedicarse al trabajo de su vida. Tomó dos socios, además de Dritzehn, que fueron Andrés y Antonio Heilmann.

Empezaron de nuevo a trabajar como impresores, pero su idea parece que era imprimir grabados; la idea de los tipos movibles no había aparecido aún. Los socios debían tener el negocio en gran estima, porque cuando murió Dritzehn en 1441, sus hermanos acudieron al juez con la pretensión de que Gutenberg tomase a uno de ellos como socio sustituto del difunto; pero Gutenberg ganó el pleito. Ni tuvo que admitir al hermano como socio, ni necesitó revelar el secreto de sus negocios.

REGRESO DE GUTENBERG A SU CIUDAD NATAL, DESPUÉS DE SU LARGO DESTIERRO

Después de todo lo anterior, sigue un período de misterio. Gutenberg tomó dinero prestado para proseguir sus ensayos, y esto es todo lo que se sabe. Parece que en tales trabajos invirtió todo su capital, pues existe un escrito que demuestra que su esposa pagó el impuesto por su casa durante aquel tiempo.

Luego parece que algo le llamaba a su ciudad natal. Deseaba, quizá, que su patria, Maguncia, fuese la cuna gloriosa del gran invento que estaba a punto de dar a conocer al mundo. Regresó a esta ciudad en 1446, después de un destierro de veintiséis años.

Se estableció en una casa que formaba Arte de las posesiones de su familia. Que él había ya completado sus trabajos preliminares para la nueva imprenta, nos consta por el hecho de que pudo tomar dinero prestado de un astuto mercader de dicha ciudad, llamado Juan Fust.

Le dió éste dinero en dos ocasiones para que pudiese fabricar sus tipos y comprar otros materiales. Como garantía del capital que diera prestado, le señaló Gutenberg todas las existencias de material que iba a fabricar.

Tomaron a su servicio un obrero muy hábil en el trabajo de los metales, llamado Schoeffer, que fué un grandísimo auxiliar de Gutenberg para llevar a cabo su proyecto de fabricación de los tipos. Parece que Gutenberg empezó su trabajo haciendo cada letra por separado. Si necesitaba cien copias de la letra A, se ponía a trabajar y grababa 100 veces dicha letra en otros tantos trozos de madera.

LA BIBLIA DE GUTENBERG FUE EL PRIMER LIBRO IMPRESO EN TODO EL MUNDO

Pero esto iba demasiado despacio, y además, las letras de madera no podían durar mucho tiempo, a causa de su poca resistencia a la presión. La mejora que introdujo entonces Schoeffer era muy importante. Grabó la letra en el extremo de un trozo de metal, y esta letra le sirvió de modelo para hacer con punzón un molde en un metal más dúctil. Luego no necesitó más que fundir metal y verterlo en el molde. De este modo pudieron hacerse ejemplares más rápidamente y según iba endureciéndose el metal.

El hecho de que Schoeffer hiciese esto para Gutenberg, es importantísimo; pero no quita ni un átomo del honor que se debe a Gutenberg. La primera idea, la gran idea, pertenece a Gutenberg; la ejecución de los detalles debió mucho a Schoeffer, que era precisamente el hombre que se necesitaba entonces.

Y ahora comenzó el trabajo de la vida de Gutenberg, pues había determinado imprimir una copia de la Sagrada Escritura. Mucho tiempo y mucho dinero necesitó para hacerla.

Los nuevos impresores tuvieron que hacérselo todo: tuvieron que grabar y fundir los tipos, componerlos, corregir la composición, luego imprimir las páginas y componer, corregir e imprimir otras. Nunca había bastante dinero para pagar los trabajos. Antes que se hubiesen impreso las tres primeras páginas, se habían gastado ya 3.000 florines, y siempre estaba Gutenberg temeroso de que no tendría bastantes recursos para llevar a buen término aquella obra.

Por fin, en 1455, se presentó al mundo el primer libro impreso, la Santa Biblia, en lengua latina, encuadernada en dos voluminosos tomos. El triunfo de la imprenta era un hecho palpable. Todo el mundo estuvo de acuerdo en que era tan claro como un manuscrito; y viendo que se habían impreso muchos ejemplares a un mismo tiempo, el coste no resultaba tan elevado ni mucho menos que si hubiese sido copiado a mano y, sobre todo, que el trabajo se hacía mucho más aprisa.

LA DESGRACIA QUE SOBREVINO A GUTENBERG A LA HORA DEL TRIUNFO

El sol de Gutenberg se puso tan pronto hubo salido. No bien hubo terminado la impresión de la gran Biblia, se suscitó una disputa. Gutenberg y su socio habían hecho una cosa admirable por lo espléndida, dando al mundo una Biblia como primicias de los primeros tórculos. Todos los impresores se han enorgullecido de que el primer libro que salió de la primera prensa de imprimir, fuese el más grande y el más santo de todo el mundo.

Poco después de haber terminado este trabajo sobrevino una gran disputa. El acaudalado Fust pidió que le devolviesen el dinero que les había prestado. Bien sabía él que Gutenberg no podía pagarle, y esta fué indudablemente la causa de insistir en su pretensión; y, como no pudo obtener el dinero, consiguió a su favor el embargo de todo el material que constituía la imprenta. Legalmente tenía derecho para obrar así, pero ¡cuántas cosas legales hay que son sencillamente monstruosas!. ¡Pobre Gutenberg!.

No ha habido jamás un invento tan importante como el de la imprenta. El primero que imprimió un libro con tipos movibles fué Juan Gutenberg, quien, en Maguncia, en 1455, imprimió la Biblia, siendo éste el primer libro impreso que vid el mundo. Un comerciante llamado Fust prestó a Gutenberg una cantidad para sus ensayos; y cuando éste no pudo reembolsarla a su vencimiento, Fust embargó los tipos y la prensa de imprimir y le arrojó de la imprenta en el preciso momento de su triunfo, como se representa en el

grabado

Representa este grabado una imprenta famosa, la de Stradanus, en Amberes, a principios del siglo XVII. Hay una multitud de pequeñas imprentas en nuestros días que se parecen mucho a ésta

En el momento mismo de su victoria, fué arrojado a puntapiés de su taller; y su querida prensa pasó a manos de Fust y Schoeffer, mientras él se quedó todavía más pobre de lo que era, cuando brotó de su cerebro la primera idea de imprimir.

A pesar de tantas contrariedades, no había de morir sin intentar otro esfuerzo para perfeccionar su invento. Encontró un buen amigo en el Doctor Conrado Humery, quien le dio facilidades para establecer otra prensa, con la cual imprimió uno o dos libros.

TRISTE FIN DE UNA VIDA QUE TANTO CONTRIBUYÓ A CIVILIZAR EL MUNDO

Nada prosperaba ya con Gutenberg, después de su desgracia; y acabó sus días con una pensión que le pasaba el bondadoso Arzobispo de Maguncia. Nadie supo su muerte. Exhaló su último suspiro en 1468, trece años después de completar el trabajo que había de hacer de él una de las más grandes personalidades del mundo. Cerca de cuatro siglos más tarde, erigieron los ciudadanos de Maguncia una estatua en su honor.

Ya no la necesitaba entonces, porque su fama estaba extendida por las cinco partes de la tierra. Dieciséis años después de haber salido de la prensa la primera Biblia, practicaron el arte de imprimir las principales ciudades de Alemania e Italia. Aparecieron prensas en Estrasburgo, Colonia, Roma, Florencia, Nápoles, Bolonia y Milán.

En España se imprimieron ya libros en 1474; en Valencia fué donde se publicaron les Troves, a la Verge precioso incunable que conserva la Biblioteca Universitaria de aquella ciudad. En 1515 se daba a luz en Alcalá de Henares, y bajo los auspicios del cardenal Cisneros, la Biblia políglota complutense, labor editorial que así por los profundos conocimientos filológicos y escriturarios de sus autores, como por la variedad de caracteres tipográficos empleados, representa el mayor adelanto alcanzado en aquella época.

En lo relativo a este sagrado libro, aunque los judíos de España y Portugal fueron los primeros en valerse de la tipografía recientemente inventada, dando a la estampa algunos pasajes de la biblia judaica, la primera impresa en su totalidad, apareció en la hermosa edición de Sancino en 1488, habiendo sido, por tanto, la Biblia uno de los primeros libros que dió a la publicidad la incipiente imprenta.

GUILLERMO CAXTON, INTRODUCTOR DEL ARTE DE LA IMPRENTA EN INGLATERRA

Nació Caxton en el condado de Kent, hacia 1422, y tenía doce años menos que Gutenberg. En nuestros días nos parecería extraño que los padres no diesen educación a sus hijos ; pero en tiempo de Caxton era muy distinto; tanto es así que cuando se hizo viejo, solía decir que una fuerza desconocida le obligaba a orar por el alma de sus padres, porque le habían mandado a la escuela siendo niño.

Terminado su período de aprendizaje, se trasladó Caxton a Brujas. Tenía entonces veinticuatro años y estaba en condiciones de establecerse por su cuenta. Por aquel tiempo había Brujas varios comerciantes ingleses; y Caxton, que era muy inteligente y muy activo, prosperó rápidamente. Tenemos pruebas de sus progresos en el hecho de que cuatro años después de su llegada, salió de fiador por otro comerciante y por la suma de 110 libras esterlinas, lo que constituía una gran cantidad de nuestro dinero. Con todo, sabemos que Caxton estuvo en Inglaterra en dos ocasiones solamente, durante los siguientes treinta años. Dominó varias lenguas y llegó a ser una especie de embajador inglés en Brujas, pues el gobierno británico le confiaba misiones de la más alta importancia

CÓMO EL SAQUEO DE LA CIUDAD DISEMINÓ A LOS IMPRESORES POR TODA EUROPA

Como ya hemos visto, el arte de imprimir se extendió pronto por Europa y prosperó grandemente en un punto donde menos se esperaba. La ciudad de Maguncia, que logró las primicias de este arte, fué saqueada en 1462.

La imprenta de Fust y Schoeffer fué destruida y sus trabajadores se diseminaron, emigrando a distintos países, llevándose consigo un buen bagaje de conocimientos del nuevo arte de imprimir. De esta manera la desgracia de Fust fué una suerte para otros. Se multiplicaron los libros y varios ejemplares impresos llegaron a manos de Caxton.

Caxton estableció su prensa de imprimir en el Asilo de la Abadía de Westminster y allí, mientras el reino se hallaba en un estado de perturbación, Caxton continuó trabajando, perfeccionando su arte y publicando libros. En el tiempo que residió en el continente, imprimió uno o dos libros en inglés. Se vé en el fotograbado al rey Eduardo IV con la reina su esposa visitando la imprenta de Caxton

Cuando tenía cerca de cincuenta años, comenzó a trabajar en la traducción al idioma inglés de un libro sobre la historia de Troya.

Luego de haberlo traducido, lo hizo imprimir, viendo la luz en Colonia, según se asegura, en el año 1474, seis años después de haber sido sepultado el inventor de la imprenta. Pero no nos es posible saber si Caxton compuso los tipos e imprimió él mismo su libro, o si pagó a alguno para que le hiciese este trabajo. Lo que sí sabemos es que en Colonia le acompañó mucho tiempo un hombre llamado Colard Mansion, famoso literato que después se hizo pintor.

EL LIBRO QUE IMPRIMIÓ CAXTON EN UNA IMPRENTA DE LA ABADÍA DE WESTMINSTER

No puede asegurarse si el libro fué impreso en Brujas o en Colonia, pero esto no importa realmente nada. El punto importante para nosotros es, que, encantado del nuevo arte de imprimir que ya conocía a la perfección, se marchó Caxton a Inglaterra para establecerse allí.

Fundó la primera imprenta en un local que pertenecía a la Abadía de Wéstminster y se supone generalmente que, al principio, ejercería su arte en la propia abadía.

Esto, sin embargo, no es cierto, porque su imprenta estaba en uno de los asilos de pobres que el rey había fundado, o cerca del establecimiento benéfico. El libro, traducido e impreso en el extranjero por Caxton, fué el primero que había jamás aparecido en lengua inglesa.

El primer libro que se imprimió por vez primera en Inglaterra, fué un tratado sobre el Juego del Ajedrez o bien otro dedicado a los Dichos de los Filósofos. Ya en marcha la imprenta, tuvo muchísimo trabajo. Imprimió breves narraciones y folletos, las obras de Chaucer, obras religiosas y muchas otras. Todavía existen un centenar de libros suyos, no todos perfectos, como es de suponer.

Parte de algunos de ellos se vió que habían servido para encuadernar otros que se imprimieron más tarde; varios más habían sido roídos por las ratas, y llevados a sus agujeros de la Abadía de Wéstminster. Algunos de sus libros se estiman hoy en más de cincuenta mil pesetas cada uno.

Uno de los hombres que trabajó con Caxton en su imprenta fué Wynkyn de Worde, que le acompañó desde Bélgica y, al ocurrir la muerte de Caxton en 1491, le sucedió en la imprenta. Continuó los trabajos que su principal había empezado, mejoró los tipos e imprimió más de 400 libros.

El arte de imprimir hablase establecido ya firmemente en Europa. Se extendió por el Nuevo Mundo por medio de un español residente en México, que en 1536 publicó el primer libro impreso que se había visto jamás en el Occidente del continente americano.

El primer libro en lengua inglesa fué publicado en 1639 o 1640, en el Colegio de Harvard, llamado así en honor de un inglés de apellido Harvard, que se había establecido en los Estados Unidos.

Claro está, que al principio, la impresión no era perfecta. Los primeros progresos hechos con los tipos se deben a Wynkyn de Worde, pero los más grandes fueron realizados por Ricardo Pynson. Éste, como Wynkyn de Worde, era un extranjero que llevó consigo Caxton cuando fué a Londres. Pynson llegó a ser impresor del rey de Inglaterra y prestó un servicio señaladísimo, imprimiendo el primer libro en tipos romanos, es decir, en tipos iguales a los de estas páginas.

Uno de los más famosos de los primitivos impresores continentales fué Aldo Manuzio, de Venecia, que nació en esta hermosa ciudad hacia el año 1446. Con él empezó la práctica de imprimir, además de los ejemplares ordinarios de un libro, algunos otros en papel especial y con lujosa encuadernación. Manuzio fué el primero en hacer el tipo llamado bastardilla, que es una letra igual a la de esta misma palabra. Se creé que para grabar este nuevo tipo se sirvió como modelo del hermoso carácter de letra del gran poeta Petrarca.
La imprenta continuó progresando. Se fundieron mejores tipos, pero la maquinaria proseguía en el estado rudimentario de siempre. La composición encerrada en la forma, tenía que colocarse en la platina de la prensa, y después de haber pasado el rodillo de tinta por encima, se ponía el papel y la presión se efectuaba a mano. El primer diario impreso a vapor no apareció hasta 1814.

EL HOMBRE QUE CONSTRUYÓ LA PRIMERA MÁQUINA DE IMPRIMIR A VAPOR

El inventor de la primera máquina de imprimir a vapor fué Federico Kong, natural de Eisleben, Alemania, en 1774.
En 1806 se marchó a residir a Inglaterra y en 1814 construyó para el Times, de Londres, dos prensas en las cuales se sujetaba el papel a un cilindro que giraba por encima del molde. Estas prensas podían imprimir 800 ejemplares por hora.
Los progresos fueron aumentando rápidamente en Inglaterra, pero en los Estados Unidos se realizaban todavía progresos mayores. En 1846 Ricardo M. Hoe, de Nueva York, construyó una prensa para el Public Ledger, de Filadelfia, en la cual la composición estaba sujeta a un cilindro que giraba y tocaba otros cilindros sobre los cuales estaba

sujeto el papel.

Con esta nueva prensa podían imprimirse 8.000 ejemplares por hora; pero al poco tiempo apareció otra máquina que dejó a ésta muy atrás, pues podía imprimir hasta veinte mil ejemplares en una hora. Hasta esta fecha ningún periódico tenía una gran circulación, pues no era posible imprimir muchos ejemplares en un día; pero este invento dió origen al periódico moderno. Se enviaban muchos al extranjero, y hasta el Times, de Londres, era impreso en las prensas americanas.

Luego los tipos para cada día, se hacían en la forma de un cilindro, como ya se ha dicho antes, y el papel en que se imprimía estaba dispuesto en forma de rollo continuo. Después se construyeron prensas cada vez más grandes y más complicadas, hasta que hoy parece ilimitado el número de publicaciones diarias que pueden imprimirse, pegarse y doblarse.

La máquina destinada a imprimir el Times, fué el paso más grande que se había dado en el arte de la imprenta desde los tiempos de Gutenberg; pero desde entonces los nuevos inventos se han ido sucediendo unos a otros con la mayor rapidez. La impresión de láminas en color ha llegado a tan envidiable altura que puede considerarse como uno de los más grandes triunfos de las artes gráficas.

Para la composición de los tipos se han construido unas máquinas especiales que parece lo hacen todo menos pensar, en tanto que las grandes máquinas que imprimen los periódicos y los libros de hoy día, pueden clasificarse perfectamente entre los inventos más maravillosos que haya realizado jamás el genio del hombre.

LOS CONSTRUCTORES DEL FERROCARRIL

EL primer ferrocarril que se explotó para el servicio de viajeros, fué el de Stóckton y Dárlington, en Inglaterra, el cual se inauguró el 27 de Septiembre de 1825. Los progresos de este medio de locomoción han sido tan rápidos, y tan habituados nos hallamos a él, que apenas nos es posible comprender los terrores que inspiraron a nuestros padres las primeras locomotoras.

Se afirmaba que el establecimiento de las vías férreas haría imposible los pastos; que el aire emponzoñado por los humos de las máquinas mataría las aves; que las casas situadas cerca de la línea serían envueltas por nubes de humo o incendiadas por las chispas que desprendieran aquéllas.

Un diario de la época, escribía: « No creemos preciso detenernos a combatir los proyectos de estos visionarios que pretenden cubrir el país de ferrocarriles y reemplazar las diligencias y postas por este nuevo sistema de transporte. ¿Hay algo más ridículo, más absurdo, que sostener que una locomotora nos llevará con doble velocidad que una diligencia? »

Así se expresaban los órganos de la opinión pública en aquel tiempo; y tal era el concepto que les merecían las aspiraciones de hombres de genio como el eminente ingeniero Stéphenson.

Nació este célebre inventor en 1781, en un pueblecito de Inglaterra y fué el segundo de sus seis hermanos. Su padre, Roberto Stéphenson, fué minero y más tarde fogonero; pero, a pesar de su laboriosidad, sus ganancias eran tan exiguas que no le alcanzaban a cubrir las necesidades de su familia, la cual se veía precisada a vivir en una modestísima vivienda, compuesta de una sola habitación con honores de cocina, sala y dormitorio.

DE CÓMO TRABAJANDO STÉPHENSON EN UNA MINA DE CARBÓN, TUVO LAS PRIMERAS IDEAS DE INGENIERÍA

LA CASA EN QUE NACIÓ JORGE STEPHENSON

Fué Stéphenson durante su niñez, travieso cual suelen serlo los muchachos y prefería las correrías por los campos a las lecciones en la escuela. Ya mayor, su padre le colocó de pastorcillo de vacas, ocupación en que ganaba su modesto salario, y más tarde tuvo a su cuidado un caballo de la mina de carbón en que su padre trabajaba.

A pesar de sus travesuras, era Stéphenson de despierto entendimiento. Modelaba con arcilla maquinitas semejantes a las de las minas, y de este modo llegó a conocer su mecanismo con tal perfección, que mereció se le confiara el cuidado de una bomba aspirante que servía para extraer el agua. No satisfecho con esto, deseó penetrar en la naturaleza modo de obrar de la fuerza motora, y se sentía acosado por la comezón de saber por qué el fuego del horno convertía el agua en vapor y ésta ponía en movimiento el mecanismo. No se le ocultaba que la explicación de tales hechos la daban los libros, mas no sabía leer, y así la lectura le pareció lo más admirable, ya que por ella descifraría los enigmas de aquellas máquinas que diariamente tenía a su vista.

PREDECESORES DE STEPHENSON EN LA INVENCIÓN DE LAS MAQUINAS DE VAPOR

No fué Stéphenson el verdadero inventor de la máquina de vapor, pues hemos visto como ya existía una en la mina donde él trabajaba. Mucho tiempo antes, franceses e ingleses habían hecho ensayos con mayor o menor éxito hasta que, finalmente, Tomás Newcómen, herrero inglés, nacido en 1663 y muerto en 1729, construyó una máquina de vapor para desecar las minas. Aunque imperfecta, causó gran admiración por ser la primera: más tarde, habiéndose averiado una de estas máquinas, fué encargado de hacer las necesarias reparaciones en ellas un joven llamado Jaime Watt, que a la sazón contaba veintisiete años.

Mientras componía la máquina hubo de observar que el escape del vapor en la máquina de Newcómen, representaba una pérdida importante. Watt, que era hombre inteligente y hábil, meditó el caso, y en 1769 inventó una máquina mucho más sólida y perfecta que la primera. En sociedad con Mateo Boulton construyó varias máquinas, según su sistema. Eran éstas todas aspirantes, pero fijas, faltando en ellas la locomoción.

LA PRIMERA LOCOMOTORA DEL MUNDO

Guillermo Murdock fué un estudioso minero que halló el modo de obtener del carbón un gas combustible, y, llevando adelante sus investigaciones, llegó a fabricar una máquina de vapor diminuta que corría sobre rieles. Tenía Murdock un amigo, Ricardo Trevethick, que hizo algo más; una locomotora capaz de marchar por las carreteras.

Se refiere a este propósito que, cierta noche, salieron Trevethick y un amigo suyo a dar un paseo en la nueva máquina, y al llegar a las puertas de la ciudad, el portazguero les salió al encuentro con objeto de hacerles pagar el peaje—derecho impuesto en aquel tiempo a todos los que viajaban—mas no bien hubo visto la extraña máquina lanzando vapor y chispas, fué tal su espanto que la voz se le ahogó en la garganta.

EL NIÑO WATT OBSERVA CÓMO EL VAPOR SE ESCAPA DE LA CAFETERA

—¿Cuánto hemos de pagar?—le preguntó Trevethick.

Era tal el terror del infeliz, que no atreviéndose a dar respuesta alguna, Trevethick le repitió la pregunta.

—Na... nada; pasad, pasad, enhoramala, huid, espíritus malignos—exclamó el portazguero abriendo las puertas de la ciudad de par en par, convencido de que aquel diabólico artefacto era guiado por seres maléficos.

Ésta fué la primera locomotora puesta en movimiento.

La primera locomotora, modelo pequeño, construida en Inglaterra por Murdock

La primera locomotora de Trevethick, hecha en 1800, y que asustó al portazguero de Cornualles

STEPHENSON APRENDE A LEER Y A ESCRIBIR. TRIBULACIONES DE SU VIDA

Cuando esto sucedía, contaba Stéphenson diez y ocho años, y no obstante un trabajo cotidiano de doce horas, iba por la noche a una modesta escuela en la que aprendió a leer y a escribir.

No mucho más tarde, para aumentar sus ganancias, sin dejar su oficio de fogonero en el que ganaba tres pesos oro por semana, se hizo, merced a un-breve aprendizaje, zapatero y sastre, y en 1800, habiendo conseguido amueblar una humilde casa, contrajo matrimonio, estableciéndose en Wíllington, cerca de Newcastle.

Era tal su ingenio, que habiendo hecho la casualidad que se descompusiera un reloj, él mismo se vió obligado a componerlo, y lo hizo de manera que poco después había recibido el nombramiento de relojero de la ciudad. Viudo en 1803, Stéphenson recorrió a pie Escocia buscando alivio a su dolor; pero al saber que su padre había perdido la vista, regresó a Killingsworth. Gastó la mayor parte de sus economías en pagar las deudas de sus padres, a los cuales mantuvo en adelante.

MARAVILLOSO INGENIO DE STEPHENSON

Después de doce meses de ensayos infructuosos, había sido necesario abandonar una máquina destinada a secar un pozo. Stéphenson que había anunciado a sus compañeros, sin ser creído, este fracaso, dijo entonces a uno de ellos: « Si yo pudiera reparar a mi gusto esta bomba, antes de ocho días bajarán al pozo ».

EL JOVEN STÉPHENSON Y SU MECÁNICO, CONSTRUYENDO UN MODELO DE MÁQUINA

Llegaron estas palabras a oídos del director, el cual, sin resultado favorable, había acudido antes a los ingenieros y mecánicos de la comarca, y, aunque un tanto desconfiado, no tuvo inconveniente en llamar a Stéphenson. Empleó éste cuatro días en desmontar la máquina, colocar las piezas según sus ideas, y modificar lo que le parecía defectuoso; al quinto día armó la máquina; y al siguiente, funcionó, permitiendo continuar la explotación. Satisfecho el director de la habilidad de su operario, le nombró ingeniero de la mina con un sueldo anual de 500 pesos oro.

STÉPHENSON EMPLEA EL VAPOR COMO MEDIO DE TRACCIÓN SOBRE RIELES

Omitimos otros ingeniosos trabajos de Stéphenson para hablar del invento que debía inmortalizarle: el empleo del vapor como medio práctico de tracción sobre rieles.

Después de haber estudiado todos los procedimientos dados, y entre ellos el de Trevethick, declaró que había descubierto otro mejor.

Comunicó su proyecto a los propietarios de la mina en que trabajaba como ingeniero; pero sólo uno de ellos se dignó escucharle y estimularle. Por el momento, Stéphenson sólo pensaba en una locomotora útil a las hulleras; pero anunció que si se fabricaba, según su modelo una máquina de la necesaria resistencia, aquélla podría adquirir una velocidad incalculable.

No era, como ya hemos leído, el primero que aplicó el vapor a la conducción de carruajes; ya Trevethick había construido una máquina curiosa, pero poco útil y que ofrecía graves peligros. Stéphenson comprendió que era preciso idear la vía y la máquina.

Al efecto hizo rieles y al cabo de diez meses, y con ayuda de sus más hábiles obreros, había construido una locomotora, que colocada sobre rieles, arrastró con una velocidad de unos 7 kilómetros por hora, ocho vagones que pesaban 30 toneladas.

Se burlaban algunos del resultado obtenido, a los cuales Stéphenson respondía: «La máquina marcha, que era cuanto yo necesitaba».

Posteriormente, habiendo reconocido los defectos de su obra, la modificó notablemente, corrigiendo la disposición del tubo de desagüe que hizo llegar a la chimenea, logrando con tal innovación doblar la fuerza de la máquina sin consumir más combustible, y hacer casi imposibles las explosiones.

Una estación y el segundo tren construido por Stephenson

LOS ENSAYOS DE STÉPHENSON FIJAN LA ATENCIÓN PÚBLICA

Ya hemos visto como a Stéphenson se debió el primer ferrocarril verdadero, el de Stóckton a Dárlington, que funcionó en 1825, y en cuya explotación la empresa tuvo pingües ganancias, no sólo por el gran transporte de mercancías, sino también porque fué preciso admitir viajeros, cosa en que nadie había pensado.

Ante tan risueños resultados, consultaron los negociantes de Mánchester a Stéphenson sobre la posibilidad de tender una linea entre dicha ciudad y el puerto de Liverpool, en el que la materia prima, el algodón, se hallaba almacenada en grandes cantidades por la dificultad de los transportes, en tanto que las fábricas de Mánchester, por carecer de dicha materia, suspendían el trabajo.

Respondió Stéphenson que el proyecto era realizable, pero al solicitar la autorización al Parlamento aparecieron enemigos por todas partes; la prensa calificó de ilusos a los innovadores, las empresas de canales, los propietarios de terrenos, los mismos ingenieros declararon ante una comisión que el tal proyecto era la idea más descabellada que cabía en cabeza humana.

Uno de los individuos de la comisión, preguntaba al inventor.

—Si vuestra máquina, recorriendo tres o cuatro leguas por hora, encuentra una vaca en su camino, ¿no causará el choque un accidente terrible?

—Sí, terrible para la vaca—fué la respuesta de Stephenson.

LOS PRIMEROS TRENES

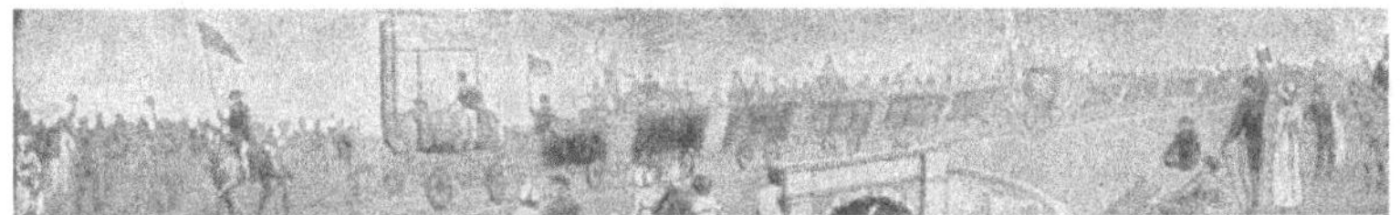

El primer tren que circuló en Inglaterra, precedido por un jinete

Carrera de locomotoras, en la que ganó el premio Stéphenson, en 1829

Aspecto de los primeros ferrocarriles en campo abierto

Antiguo tren de primera clase, en el ferrocarril de Liverpool a Mánchester

Tren de segunda clase, en el mismo ferrocarril

Incómodo y pintoresco tren de tercera clase

Primitivo tren para conducción de mercancías

Transporte de ganados en los primeros trenes

TRIUNFO DE STÉPHENSON. SU MUERTE

Finalmente, con su paciencia y moderación venció todos los obstáculos, obteniendo la autorización necesaria y fué nombrado ingeniero jefe de las obras.

Los directores de la empresa ofrecieron un premio de 2.500 pesos oro a la locomotora más perfecta. Stéphenson obtuvo el premio por una máquina (la Rocket), en cuya construcción le ayudó su hijo Roberto; dicha locomotora alcanzó una velocidad, tres veces mayor de la exigida.

La Rocket de Stéphenson que por primera vez viaje llevando 13 toneladas de mercancías

Así triunfó Stéphenson de las mordaces críticas de la prensa, de las envidias e intrigas de sus adversarios. Se refiere que en la prueba de la Rocket se colocó delante de la locomotora un hombre a caballo agitando una bandera; creía el jinete que el nuevo tren no podría alcanzarle, mas habiendo hecho señal Stéphenson lanzó su máquina a una velocidad de unos 50 kilómetros por hora, no obstante arrastrar trece toneladas de peso. En lo sucesivo quedó asegurada la fortuna de Stéphenson, quien trabajó en la construcción de varias líneas férreas.

También ideó una lámpara de seguridad para los mineros, y cuya eficacia probó con grave riesgo de su vida, bajando con su nuevo aparato encendido a las galerías de la mina y acercándole a una grieta por la que se escapaba el temido gas inflamable.

Stéphenson acabó sus días en una quinta, cuyos trabajos vigilaba, y en todo tiempo prestó ayuda a cuantos inventores habían solicitado su protección.

LOS TRENES DEL MUNDO. EL FERROCARRIL TRANSANDINO

Después de la muerte de Stéphenson, grande y poderoso ha sido el impulso dado al perfeccionamiento y desarrollo del ferrocarril. En nuestros días, vastas y densas redes ferroviarias cubren el suelo de casi todas las naciones; y continuamente ruedan sobre ellas innumerables trenes que unen la rapidez de la marcha a la comodidad y bienestar del viajero.

Acaudaladas y atrevidas empresas han realizado obras ferroviarias estupendas, uniendo pueblos distantes, salvando mil obstáculos, y perforando montañas, poniendo en comunicación pueblos con pueblos, y llevando por todos los ámbitos del mundo la luz, la civilización y el comercio.

Una de estas audaces empresas es el ferrocarril transandino, que une Buenos Aires con Chile y Valparaíso. La iniciativa se debe a los hermanos chilenos Clark que, hacia 1874, idearon el proyecto de una línea de Buenos Aires a la frontera de Chile. En la realización de tamaña obra, las mayores dificultades se encontraron en la gran zona andina, que se alza entre Mendoza y los Andes, bajo el antiguo camino del Paso de la Cumbre.

Para franquear tal obstáculo se abrió un túnel de 3.165 metros de largo. El ferrocarril transandino tiene 1.424 kilómetros de recorrido, y en algunas partes es de cremallera, porque ha de subir rápidas pendientes.

El viaje en este ferrocarril brinda los mayores goces que puede proporcionar la contemplación de la naturaleza. Desde la vía, la vista descubre un panorama estupendo en el que el gigante de los Andes, el Aconcagua con sus 6.790 metros de altura, levanta su majestuosa cima.

Gracias a este ferrocarril los pueblos americanos del Pacífico van entrando en las grandes corrientes del comercio universal, por estar ya en directa y constante relación con los puertos del Atlántico en la América del Sur, acercándose así a Europa.

Antes se necesitaban para viajar entre las metrópolis argentina y chilena de diez a quince días, tomando el camino del peligroso estrecho de Magallanes, so pena de aventurarse sobre las cumbres de los Andes, a veces intransitables. Hoy el viaje entre Buenos Aires y Santiago de Chile o Valparaíso se hace en treinta y cuatro o treinta y cinco horas, con toda comodidad.

LAS PRIMERAS MAQUINAS LOCOMOTORAS

Máquina que reparó Watt y que le sirvió de base para otra más perfecta.

UN JOVEN ESCOCÉS QUE LLEGÓ A SER MILLONARIO

GLORIA del Nuevo Mundo es haber visto a varios de sus ciudadanos de ínfima categoría elevarse a la más encumbrada posición. Vamos a trazar un esbozo biográfico de un pobre muchacho escocés, que llegó a ser uno de los hombres más ricos del mundo y que, no contento con esto, al verse dueño de tan enorme fortuna, empleó buena parte de ella en ayudar a elevarse a otros jóvenes. Andrés Carnegie estuvo persuadido de que la mejor manera de ayudar a sus semejantes es haciendo que ellos mismos se ayuden, y por eso dedicó gran parte de su riqueza a fomentar la educación.

POCOS serán los que no hayan oído hablar de Andrés Carnegie, el fundador de la Hero Fund Commission, tino de los hombres que más han contribuido con sus medios financieros al mantenimiento de la paz universal y gran amigo de la instrucción, como lo demuestran las bibliotecas por él fundadas en numerosas villas y ciudades.

Pues bien, este millonario que cuando se retiró de los negocios se dedicó a repartir sabiamente sus millones, fué años atrás, un simple muchacho de ojos azules, que de la mañana a la noche trabajaba febrilmente en la sección de bobinas de una fábrica de hilados de Pittsburgo.

Nació Andrés en Escocia, en una casita de las más humildes de Dunfermline, en el año 1835. Eran cuatro de familia: su padre, su madre y un hermanito menor llamado Juan. Míster Carnegie era un maestro tejedor dueño de varios telares, con algunos aprendices a sus órdenes. Tenía Andrés once años cuando el negocio de su padre vino a menos, hasta el punto de dejar en la miseria a la familia. Reunida ésta en consejo resolvió vender cuanto pudiera ser vendible y marchar a América «para ver si los muchachos hacían allí fortuna».

Ya en América, Andrés y su padre fueron admitidos en una fábrica de algodón. Los días eran largos y el trabajo pesado, pero Andrés, siempre sonriente, sabía ocultar el cansancio producido por un trabajo realmente excesivo para un niño de su edad, cuando al volver a su casa abrazaba con filial cariño a su buena madre que, para descansar de los quehaceres domésticos, se ocupaba en coser zapatos a fin de ganar un sobresueldo, con que ayudar al sostenimiento de la casa. ¡ Cuán orgulloso se sentía Andrés de poder ser útil a sus padres!. Uno de los momentos más felices de su vida fué aquel en que recibió el salario de su primera semana, 1.20 pesos oro que entregó a su madre.

Pero el muchacho no estaba destinado a continuar siendo durante toda su vida un simple devanador.

Un caballero, compatriota de Míster Carnegie, y que, como él, había ido a América a probar fortuna, ofreció trabajo en su propia fábrica al muchacho, con un sueldo más crecido del que hasta entonces ganaba. Al principio, Andrés tuvo que cuidarse del hogar, pero este trabajo era tan peligroso y de tal responsabilidad, que el niño empezó a sentir su efecto en un desequilibrio nervioso.

Apenas podía dormir por la noche, temiendo que ocurriese algo en las calderas, y cuando lograba conciliar el sueño, no pocas veces se despertaba sobresaltado, soñando que en la fábrica había ocurrido una explosión.

Fué un gran alivio para Andrés el que su jefe le relevase de aquella ingrata tarea, para emplearle en su despacho; pero aun le sirvió de más satisfacción el verse luego admitido como mensajero en la oficina de telégrafos de Pittsburgo.

Nunca se había hallado hasta entonces en una situación tan desahogada; era el hombre más feliz en su nueva ocupación. Su único temor era que le despidiesen por no conocer bien la ciudad; y para evitar tal cosa, en cuanto llegaba a su casa por la noche, se ponía a estudiar en la guía el plano y la lista de las calles hasta que podía repetir de memoria los nombres de todas ellas, con las casas de comercio instaladas en cada una.

Luego pudo ya desechar todo temor, y dejó de experimentar el sobresalto de los primeros días; su situación había, pues, mejorado notablemente. Poco después obtuvo permiso para adiestrarse en el manejo de los aparatos telegráficos fuera de las horas de oficina, y no tardó en hallarse en condiciones de poder enviar y recibir mensajes. Por fin le llegó la hora de la suerte.

Cierto día empezó el timbre a dar señales de la recepción de un mensaje urgente, y como en aquel momento no se hallase en la oficina ningún empleado, corrió Andrés al aparato y recibió el telegrama. Supo lo ocurrido el superintendente, y complacidísimo de la diligencia y aplicación del muchacho, le nombró en el mismo instante oficial de telégrafos. Poco después esta nueva colocación le abrió el camino para obtener otra análoga en el ferrocarril de Pensilvania.

Tan bien desempeñó el joven su nuevo cargo, y tan activo y capaz se mostró en él, que advirtiéndolo el superintendente de la línea, Tomás A. Scott, le preguntó cómo se llamaba.

—Andrés Carnegie, escocés—contestó el muchacho.

Precisamente Míster Scott era de origen escocés, y ello fué causa de que se acrecentase la simpatía con que desde el primer momento había visto al joven telegrafista que con tanta habilidad y con tal dominio manejaba los aparatos telegráficos.

Muy poco después el superintendente ofrecía al joven el cargo de secretario particular de su propia oficina.

Desde este momento, Andrés Carnegie progresó rápidamente. Jamás dejó pasar ninguna ocasión de poder demostrar su diligencia y perspicacia, y así supo captarse la estimación y el aprecio de su jefe.

-Yo sé cuáles son sus aspiraciones—le dijo un día de buen humor Míster Scott.—Desea usted mi cargo.

—Y llegaré a obtenerlo—repuso Andrés con firme convicción.

Asf fué en efecto. Algunos años después, cuando Míster Scott fué nombrado vice-presidente del Ferrocarril de Pensilvania, Andrés Carnegie ocupó el cargo de superintendente de la división de Pittsburgo.

¡Qué progreso significaba esto para el antiguo devanador!.

A principios de la guerra civil norteamericana, el coronel Scott, nombrado subsecretario de Guerra, confió al joven Carnegie la dirección de los trenes militares y telégrafos del Este; y fué tal el entusiasmo y el buen acierto con que desempeñó este cargo el nuevo director que, cuando hubo de retirarse, era ya rico.

Durante este tiempo, es decir, mientras estuvo a su cargo el ferrocarril, se le ofreció la ocasión de adquirir algunas acciones en la « Adams Express Company ». Más tarde invirtió nuevos fondos en la introducción de los coches camas, y posteriormente, con capital mucho mayor, formó parte de una sociedad destinada a construir puentes de hierro que debían ir reemplazando a los de madera que había a la sazón.

Con su gran perspicacia vislumbró desde el principio la oportunidad, que no tardó en presentársele, de fundar la « Union Iron Mills », a fin de suministrar el hierro necesario para la fabricación de los puentes.

Un viaje a Inglaterra le ofreció un nuevo negocio; se pensó en substituir los rieles de hierro por otros de acero para dar mayor impulso a la empresa.

A la sazón ya había dimitido Míster Carnegie su cargo en el Ferrocarril de Pensilvania, a fin de ofrecer al mundo sus negocios como industrial y financiero.

Por fin su espíritu, dotado de gran independencia, era dueño de sí mismo; Andrés Carnegie no había de ocupar en lo sucesivo ningún puesto subalterno. Además de su extraordinaria clarividencia en barruntar ocasiones propicias, que seguramente hubieran pasado inadvertidas para otros muchos, Carnegie tuvo una habilidad de todo punto admirable para poner en planta sus proyectos, y poseyó cierta rectitud y flexibilidad de temperamento que en todas partes le conquistó amigos leales.

En su nueva esfera, extraordinariamente amplificada, puso de manifiesto sus raras dotes de organizador. Pocos años habían bastado para que aquel hombre de ingenio tan agudo, que poco antes estaba ocupado desde la mañana hasta la noche en devanar husos en una fábrica de algodón, dirigiese ya grandes minas, vías férreas, y tres enormes fábricas para la manufactura de acero. No contento con este extraordinario aumento en sus negocios, los amplificó más y más hasta llegar a tener prácticamente en sus manos todo el mercado del acero en los Estados Unidos. Andrés Carnegie era ya multimillonario.

Una de sus grandes dotes era saber apreciar la habilidad y destreza ajenas. Los jóvenes laboriosos y de disposición medraban a su lado, y no pocas veces obtenían de su jefe participación en sus negocios. Trabajaban mucho y ganando dinero para sí, lo ganaban también para Carnegie.

Se casó éste cuando ya contaba cuarenta años de edad, y al fin, al ofrecérsele oportunidad para retirarse del mundo de los negocios con una magnífica fortuna, decidió aprovecharla. Comprendía los inconvenientes que tiene el retirarse un hombre de la lucha en la plenitud de su vida, pero profesó siempre el principio de que « cuando uno es ya rico, no debe continuar siendo esclavo del dinero hasta el fin de sus días ».

Mister Carnegie no descuidó jamás su instrucción. En su juventud, cuando luchaba por medrar, devoraba cuantos libros caían en sus manos; y cuando tuvo dinero y tiempo suficientes se rodeó de profesores con el propósito de completar la autoeducación de su juventud.

En la plenitud de su vida de negocios, empezó a escribir algunos libros que ahora pasan de media docena. El buen éxito de algunos de ellos le ha causado satisfacción más honda que el de sus mejores negocios comerciales. El más conocido de dichos libros es el titulado Democracia Triunfante, que constituye un estudio de América.

Antes de retirarse de los negocios, ya había alcanzado Mister Carnegie gran reputación por su generosidad; pero sus últimas larguezas rayan en lo increíble.

Quizás es más conocido como fundador de bibliotecas que como hombre de negocios. Habiendo padecido en su niñez y en su juventud grandes ansias de leer que no podía satisfacer fácilmente, quiso, así que le fué posible, evitar a otros niños la desazón que tanto le había atormentado a él.

MÍSTER CARNEGIE EN SU DESPACHO DE NUEVA YORK

Seguramente nadie sabe a punto fijo cuantas bibliotecas fundó en los Estados Unidos y en Europa. Toda ciudad que señale un sitio y vote alguna suma para erigir una biblioteca puede estar segura de que recibirá el dinero necesario para la construcción de un edificio a propósito. Se cuentan por centenares las bibliotecas construidas en esta forma.

Años atrás, hizo donación de un capital de diez millones de pesos oro para pagar los derechos de enseñanza de los estudiantes pobres en Escocia, y dió otro de quince millones de pesos oro para que con sus intereses se asignasen pensiones a los profesores ancianos o incapacitados, o a sus viudas; instituyó la «Carnegie Hero Fund Commission» y entregó sumas considerabilísimas a varios colegios, universidades y hospitales.

Fundó en Wáshington, D. C., la institución Carnegie, dedicada a investigaciones científicas; en Pittsburg, otro instituto que lleva su nombre, y es una de las escuelas técnicas mejor provista del mundo; construyó a sus expensas el palacio de la Paz, para que sirviese de domicilio social a los miembros que forman parte de la Conferencia Internacional, y con mano pródiga dió una enorme suma destinada a procurar por todos los medios posibles la abolición de la guerra.

Es además notable la pensión fundada en beneficio de los trabajadores de las fábricas de acero, a los cuales debe gran parte de su fortuna. Se calcula que Andrés Carnegie, antes de su muerte en 1919, había distribuido para obras benéficas la enorme cantidad de $350.695.000.

Skibo, la casa de recreo de Mister Carnegie, se halla situada en el condado de Sutherland, en el extremo norte de Escocia. A estas salvajes altiplanicies se retiraba todos los veranos Mister Carnegie con su familia y amigos, y allí vivía aislado del mundo. Escocia le ha honrado con el título de Lord Rector de la antigua Universidad de San Andrés

..

ACERCA DEL AUTOR

Pedro Daniel Corrado nació el 9 de Mayo de 1961 en el distrito federal Buenos Aires, Argentina. Estudió en instituciones educativas salesianas, y se graduó en 1979 en el colegio Pio IX.

Posteriormente recibió el título de Ingeniero en Electrónica en el Instituto Tecnológico de Buenos Aires con diploma de honor en Julio de 1987.

Fundó una empresa de Tecnología en Información en 1991 llamada PATH Sociedad Anónima.

Desde el año 1998 trabaja con la tecnología de bases de datos Oracle, y sigue con gran dedicación la evolución del lenguaje Java, así como todo lo relacionado con los formatos de almacenamiento de información XML, y gestión de documentos con los productos Oracle Content Management.

www.ingramcontent.com/pod-product-compliance
Lightning Source LLC
Chambersburg PA
CBHW070331190526
45169CB00005B/1836